Vulcanismo

editores

PROF. DR. ANDERSON COSTA DOS SANTOS

GILMAR PACHÁ SILVA

ilustrações de **ISAURA DA SILVA**

VULCANISMO

Autores: Lucas Guimarães Pereira Monteiro/ MsC. Mariana Bessa Fagundes/ Prof. Dr. Anderson Costa dos Santos (FGEL-UERJ)

Editores: Prof. Dr. Anderson Costa dos Santos/ Mestrando Gilmar Pachá Silva (FGEL-UERJ)

Revisores Científicos:

Prof.ª Dr.ª Camila Cardoso Nogueira / Prof. Dr. Anderson Costa dos Santos (FGEL-UERJ)

Projeto de Extensão nº 5872 - Incorporação de tecnologia no aprendizado da geociência (desde 2018)

Revisores Ortográficos: Profª. Drª. Poliana Arantes / Roberto Fernandes (ILE-UERJ)

Designer Gráfica: Isaura da Silva

ISBN: 978-65-5842-425-3

Apoio:

CNPq Museus Edital 2022

FAPERJ JCNE Edital 2022

Produtividade CNPq Edital 2021

PROCIÊNCIA editais 2020 e 2023

PR3-DEPEXT

FGEL-DMPI-UERJ

Grupos de Pesquisa: TEKTOS - GeoBioTec - IDL

Universidades Parceiras: UFOP - UFMG - UFBA - UnB - UFG - UFRJ

Editora Ciência Moderna Ltda.

R. Alice Figueiredo, 46 – Riachuelo

Rio de Janeiro, RJ – Brasil CEP: 20.950-150

Tel: (21) 2201-6662/ Fax: (21) 2201-6896

E-MAIL: LCM@LCM.COM.BR

WWW.LCM.COM.BR

Geologia / Vulcões CDD 551.2

01/25

AGRADECIMENTOS

Agradeço aos autores das cartilhas pelo empenho apresentado para sua consecução, aos revisores científicos e linguísticos, à Anna Caroline Costa dos Santos pela idealização da logo, à designer gráfica pela produção dos personagens e da diagramação. Agradeço ao prof. Hermínio Ismael de Araújo Júnior pela inspiração em criar as apostilas de divulgação científica. Não obstante, às entidades de fomento FAPERJ e CNPq pelo apoio financeiro no desenvolvimento dos trabalhos aqui apresentados. Por fim, dedico todos esses trabalhos à minha sobrinha Melina Costa de Carvalho, por ter me inspirado em transformar a linguagem científica em palavras simples para que a ciência seja universalmente compreendida.

APRESENTAÇÃO

OLÁ!

Você que está lendo esse trabalho, saiba que ele foi idealizado para que você conheça um pouco mais sobre o mundo das geociências! Conhecer e saber como o planeta em que vivemos evoluiu nos ajuda em muitas questões atuais como exploração de bens naturais econômicos, uso e recurso da água, dos oceanos, nos faz entender um pouco mais sobre climatologia, sobre os registros do passado e de que forma podemos pensar sobre o futuro.

Queremos te ensinar um pouquinho mais sobre geociências e transmitir o conhecimento para outras pessoas. Ela foi pensada para promover e instigar a sua curiosidade pela ciência e pelos cuidados com o Planeta Terra.

E aqui, nós vamos ser os seus guias nessa jornada! Vamos explorar juntos e aprender mais sobre as geociências de maneira fácil e divertida.

Então se prepare para embarcar em uma experiência rica em conhecimento com a gente!

Vamos lá?

SUMÁRIO

GLOSSÁRIO

ÁCIDOS: os ácidos são toda substância que, em solução aquosa, sofre ionização, liberando como único cátion o hidrônio (ou hidrogênio).

ANOMALIAS: particularidade ou condição do que é anômalo, fora do comum.

ARQUIPÉLAGO: um conjunto de ilhas.

CÂMARA MAGMÁTICA: reservatório de magma, rocha fundida, que se localiza em subsuperfície.

COMPOSTOS VOLÁTEIS: são compostos que possuem alta pressão de vapor sob condições normais.

CONE DE ESCÓRIAS: são os tipos mais simples e comuns de vulcões. Esses vulcões são relativamente pequenos, com alturas geralmente menores que 300 metros de altura.

DORMÊNCIA: os vulcões dormentes são aqueles que não se encontram em atividade, mas podem ser perturbados.

DORSAIS: dorsais são feições submarinas que apresentam elevações abruptas em altitudes muito superiores ao seu relevo circundante, formando verdadeiras cadeias de montanhas submersas.

FONTES TERMAIS: é a ascensão de água subterrânea aquecida, seja pelo calor causado pelo próprios calor interno da Terra ou por processos de vulcanismo.

Fumarolas: são fenômenos do vulcanismo onde é expelido para atmosfera gases em alta temperatura.

Gêiser: é uma nascente termal que entra em erupção periodicamente, lançando uma coluna de água quente e vapor de água.

Hot spots: os pontos quentes (tradução literal) são pontos de anomalia termal no interior da Terra responsáveis pela geração de magma e consequentemente, o vulcanismo que ocorre no interior das placas tectônicas.

Intraplacas: zona central das placas tectônicas.

LIP: do inglês, Large Igneous Province, que significa Grande Província Ígnea, compreende um grande conjunto de derrames de lava em extensões continentais.

Óxidos: óxidos são compostos bivalentes (formados por dois elementos) em que o elemento mais eletronegativo é o oxigênio.

Placas Tectônicas: são grandes estruturas formadas pela crosta terrestre que movimentam-se mediante forças internas do planeta, especialmente oriundas do manto.

Sílica: dióxido de silício.

Viscosidade: é uma característica dos líquidos que está relacionada com a sua habilidade de fluir.

INTRODUÇÃO

O vulcanismo é um fenômeno geológico que ocorre do interior da Terra para a superfície. Diferente do que se consolidou no imaginário popular, através de filmes, séries, ilustrações e jogos, a atividade vulcânica não ocorre apenas quando há o extravasamento do magma em forma de lava e muito menos, que todos os vulcões são altos ou necessariamente estarão em uma ilha.

O termo vulcanismo vem da palavra vulcão, que por sua vez, segundo o dicionário Michaelis, é uma abertura "na crosta terrestre que dá saída a material magmático, como gases e fumaças, cinzas e lavas". Na origem da palavra, temos o deus da mitologia grega Hefesto que na conversão para o romano se chamava Vulcano, o deus do fogo primordial!

Como foi dito, nem todo o vulcão é como se ilustra em desenhos e outras obras de ficção, com uma estrutura alta e imponente. As atividades vulcânicas dessa forma são chamadas de vulcanismo com conduto central com estilo estratovulcão, porém há outros estilos como os vulcões escudos que são maiores em largura, contudo bem menores em altitude.

Outros importantes tipos de atividade vulcânica é o vulcanismo fissural, que consiste na liberação de lava, gases e partículas através de aberturas, como "rasgos" na crosta, sendo esta forma uma das mais comuns no planeta através do espalhamento da crosta oceânica durante a abertura ou afastamento das placas tectônicas. Um clássico exemplo, são as atividades dos vulcões fissurais na Islândia e na cordilheira Meso Atlântica. Estas peculiaridades são associadas a alguns fatores que controlam a viscosidade do magma, a presença de gases e até a temperatura (que varia de 1.300 °C até 500 °C).

A importância do estudo dos vulcões não se limita pela sua beleza imponente, mas pela admiração consciente do perigo que ali reside. Uma vez que uma erupção vulcânica pode trazer consequências em escala global, levando não apenas a cancelamento e alterações de voos ou fechamento de aeroportos, como destruição em diferentes níveis de escalas desde cidades locais no entorno da atividade vulcânica até extinções de escala global. Não esquecendo, que estas atividades são precedidas e acompanhadas por tremores de terra de diferentes graus de força, favorecendo deslizamentos em larga escala.

Por exemplo, nos vulcões islandeses (de nome difícil de escrever e dizer) Eyjafjallajökull em 2010 e Grimsvotn em 2011 que fecharam aeroportos em toda a Europa, ou ainda, erupção do Fagradalsfjall em 2021 que acendeu um alerta em toda região do Atlântico Norte pela intensa atividade fissural que liberou gases e partícula na atmosfera.

Ou ainda, a explosão que pode ser ouvida num raio de 3,5 mil km, como em 1883 com a erupção catastrófica (de 200

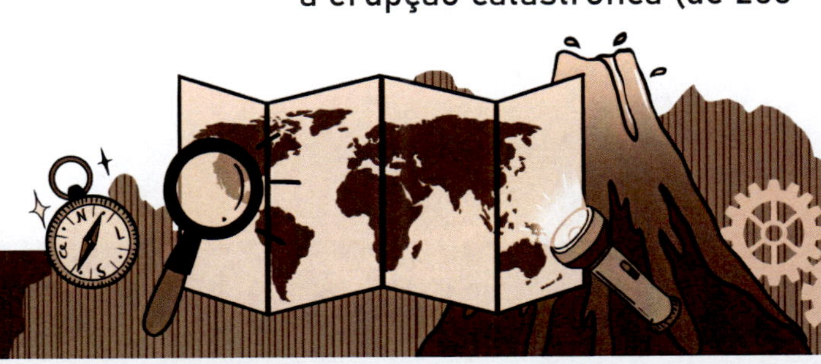

megatons, cerca de 13 mil bombas de Hiroshima) do vulcão Krakatoa que é considerada a 2° erupção mais fatal da história e a 6° maior erupção do mundo, teria produzido o som mais alto já ouvido na história da Humanidade. Extinções em massa como a ocorrida no período Permiano, a maior da história do planeta, tendo início na região hoje conhecida como Sibéria, na Rússia, é apenas um exemplo das seis grandes extinções em massa que tiveram os vulcões como desencadeadores dos eventos.

Mas não é apenas a Terra que possui vulcões: Todo o Sistema Solar possui vulcões ativos e dormentes! Em Vênus, Marte e em diversas luas como Europa e Io. Estas observações não apenas ajudam a compreender a evolução e composição de vulcões dos corpos celestes que os possuem, mas ajudam a entender os mecanismos de evolução que levaram à formação de vida na Terra, e quem sabe o mesmo não pode se repetir em outros planetas?

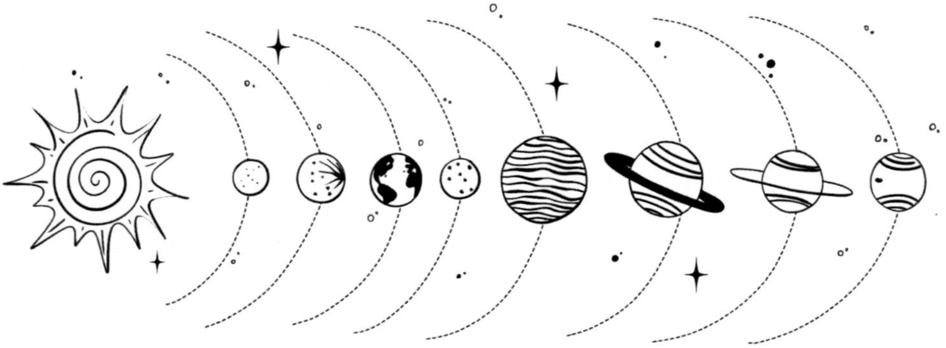

CONHECENDO OS VULCÕES

Antes de começarmos a conversar sobre vulcões, eis a grande pergunta que perpassa na cabeça da grande maioria da população: Por que um vulcão entra em erupção? De forma resumida, um vulcão entra em erupção quando a pressão de gases reprimidos dentro da Terra fica muito alta e precisa ser expelida (sabe quando a válvula da panela de pressão começa a 'apitar'?). Junto a esses gases e vapores existe o magma que pode ser expelido junto a esses gases. Uma erupção pode durar tempo suficiente para liberar toda a pressão que está acumulada no conduto vulcânico. Os vulcões são grandes válvulas de escape da Terra para que tudo permaneça em equilíbrio!

A ESTRUTURA DE UM VULCÃO

Mas afinal, como é um vulcão? Um vulcão possui diversas estruturas, e entre as principais estão:

Magma → Material de comportamento pastoso, composto de materiais em estado sólido, líquido e gasoso. É o principal componente na formação de vulcões, pois estes alimentam a câmara magmática e constroem parte dos condutos vulcânicos. Este material também pode se alojar em profundidade, onde irá resfriar ao longo de milhares de anos e gerar rochas plutônicas;

Lava → Magma extravasado na superfície através de atividades vulcânicas;

Câmara magmática → Este é o reservatório presente no interior da terra onde o magma se acumula ao longo do tempo geológico. As câmaras podem ser rasas ou

profundas, comumente se situando a algumas dezenas de quilômetros dentro da crosta;

Cone vulcânico → É uma estrutura vulcânica, comumente em formato cônico, formado pelo acúmulo dos materiais expelidos durante a erupção vulcânica;

Cratera vulcânica → É a parte mais visível do vulcão, em formato circular, é uma ruptura da superfície por onde o magma chega em contato com a atmosfera. Pode ter dimensões e profundidades variadas, podendo ser única e isolada ou múltipla, muitas vezes situa-se no topo de uma montanha;

Chaminé vulcânica → É um duto ou canal por onde gases, e por vezes lava extravasam da câmara magmática em direção à superfície. A chaminé pode evoluir para um cone, caso esta seja secundária e pode ou não conter uma cratera.

Chaminé secundária → Conduto com a mesma propriedade da chaminé vulcânica, ou principal, entretanto, esta possui dimensões menores, sendo limitada no tipo e alcance dos seus produtos eruptivos. Aqui aparecem famosas formações naturais como gêiseres, fumarolas ou fontes termais.

Todas essas estruturas citadas acima estão exemplificadas a seguir na Figura 01.

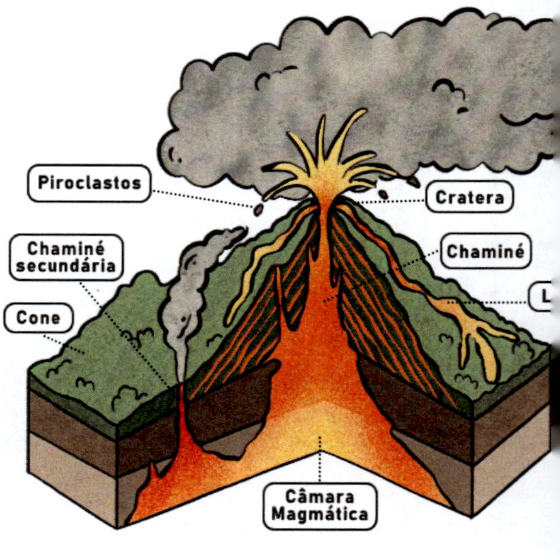

Figura 01 - Estrutura geral de um vulcão.

TIPOS DE VULCÃO

Existem três tipos principais de vulcões: os vulcões cones de escórias, estratovulcões e vulcões-escudos.

Os vulcões cones de escória (Figura 02) são vulcões de dimensão relativamente pequena e são formados pelas erupções Havaiana ou Estromboliana (que veremos mais a seguir). Os cones vulcânicos podem ocorrer isolados ou em grupos e normalmente são simétricos, possuem forma oval ou circular e flancos íngremes.

Os estratovulcões (Figura 03) são edifícios vulcânicos formados pela acumulação de fluxos de lavas e cinzas durante as erupções. É caracterizado por encostas íngremes, e presença de uma cúpula, na parte superior, feita de lava muito viscosa e cheia com gás. O Ngauruhoe, vulcão na Nova Zelândia, é um exemplo de estratovulcão.

Figura 02 - Vulcão Paricutín, México, exemplo de vulcão cone de escória.
Fonte: Acredite ou Não

Figura 03 - Vulcão Ngauruhoe, Nova Zelândia é um exemplo de estrato vulcão.
Fonte: Gazeta do povo

Já o vulcão-escudo (Figura 04) possui uma forma de escudo, por isso o nome é formado por fluxos de lava muito fluidos. Por conta dessa característica, esses vulcões não possuem grandes elevações.

Figura 04 - Vulcão Mauna Kea, um exemplo de vulcão-escudo.
Fonte: Explore The Big Island - The Best of Hawaii

A seguir, tem-se o esquema onde é possível observar a diferença interna entre os três tipos de vulcões. No vulcão cone de escória, há apenas uma saída para o material ejetado e/ou lava. Já os demais, existem múltiplos locais onde há o extravasamento. Esta característica, mais a composição da lava contribui para a morfologia dos vulcões anteriormente citados.

Figura 05 - Tipos de vulcões e suas respectivas estruturas internas.

| Saiba mais! |

Qual diferença entre um vulcão "ativo", "dormente" e "extinto"?

- ✓ Vulcões ativos entraram em erupção ao longo da história da humanidade e podem entrar em erupção a qualquer momento.
- ✓ Vulcões dormentes entraram em erupção em tempos passados e têm o potencial de entrar em erupção, eventualmente.
- ✓ Vulcões extintos não possuem quaisquer evidências de atividade e não existe mais a possibilidade de entrar em erupção.

Materiais Ejetados

Durante a atividade vulcânica, muitos materiais podem ser expelidos, além das lavas. Estes materiais ejetados, podem estar em diferentes estados físicos como gases e fragmentos de rochas em diversos tamanhos e são chamados de piroclastos. Os piroclastos (Vide Figura 01) podem ser carregados pelo vento, sendo depositados a distâncias quilométricas do centro vulcânico, principalmente as cinzas. Esses piroclastos podem ser:

- Cinzas vulcânicas (Figura 06) são fragmentos de rocha a uma fração menor que 0,002 mm. Visualmente, elas se assemelham ao cimento utilizado na construção civil.

Figura 06 - Exemplo de cinza vulcânica.
Fonte: UOL

- lapilli (Figura 07) são fragmentos de rocha a uma fração que gira em torno de 0,002 mm a 2 cm.

Figura 07 - Exemplo de lapilli.
Fonte: Baamboozle

- Bombas vulcânicas (Figura 08) são fragmentos de fração maior do que 2 cm. O material é expelido na erupção vulcânica ainda incandescente e antes de atingir o solo, eles esfriam e solidificam. Essas podem até ter o tamanho de um automóvel.

Figura 08 - Exemplo de bomba vulcânica. Na figura, temos o exemplo de uma bomba vulcânica em Strohn, Alemanha. Essa bomba pesa cerca de 120 toneladas e tem um diâmetro de 5 m. Foi expelida durante uma erupção vulcânica em 8300 a.C.
Fonte: Wikipedia

- Gases/Fumarolas (Figura 09) são expelidos durante a atividade vulcânica, com ou sem lava. Esses compostos voláteis incluem óxidos e ácidos ao passo que são muito danosos ao meio ambiente e a saúde da fauna e flora, eles forneceram as bases primordiais para o desenvolvimento da vida na Terra, ao permitir que pequenos organismos se alimentassem e se aquecessem nas proximidades destas fumarolas, uma vez que podem atingir altas temperaturas durante sua liberação. Também contribuíram de maneira absolutamente necessária ao nosso planeta, contribuindo com a liberação de água na atmosfera que permitiu ser acumulada ao longo de milênios nos oceanos. Entre os principais voláteis presentes estão: H_2O (vapor de água), CO_2 (dióxido de carbono ou gás carbônico) e SO_2 (dióxido de enxofre), que são óxidos considerados tóxicos, principalmente o SO_2 e H_2S (sulfeto de hidrogênio), HF (ácido fluorídrico), HCl (ácido clorídrico), HBr (ácido bromídrico), considerados muito fortes, podendo causar danos ao ser humano como queimaduras na pele e corrosão do trato respiratório se inalado em grande quantidade.

Figura 09 - Gases sendo expelidos de um vulcão.
Fonte: VULCANOtícias

- Os lahars (Figura 10) é um termo indonésio para se referir a escoamentos superficiais de detritos, ou de lama, oriundos de uma erupção vulcânica contendo piroclastos e uma grande quantidade de água. São controlados pela topografia, ou seja, são canalizados por canais já pré-existentes no relevo formando uma "língua" de detritos vulcânicos.

Figura 10 - Lahar de uma determinada erupção do Monte Santa Helena.
Fonte: Wikipedia

Realmente, os vulcões são perigosos!
Sim, mas cada um dos voláteis têm um perigo:
CO_2 é perigoso! Não apenas para nossa saúde causando intoxicação que leva a morte, como sua inalação frequente desencadeia diversos problemas respiratórios. Além disso, altas concentrações desse gás no solo matam todas as plantas de uma região.
O SO_2 agride o sistema respiratório, os olhos, a pele e as mucosas. Além de contribuir na formação de chuva ácida e "svog".
CO_2
SO_2
O H_2S é inflamável, muito tóxico e tem cheiro de "ovo podre". Causa problemas respiratórios e em exposições longas, causa edema pulmonar (excesso de líquido nos pulmões).
Já os HF, HCl, HBr são gases fortes e muito tóxicos! Causam chuva ácida e "envenenam" campos de pastagem, plantações e água.
Concentrações maiores levam à morte!

Escoadas de lavas

Além dos fluxos piroclásticos, existem três principais formas de escoadas lávicas, que são as formas que as lavas tomam quando são extravasadas e começam o processo de solidificação na superfície.

- Lavas A'a (Figura 11) – Do havaiano, que significa "pedregosa" ou "queimar", é caracterizada pela sua superfície irregular pela rápida perda de gases, formado por blocos de lava fragmentados que os cientistas chamam de "clinker". Essa feição pode ser observada em um vulcão famoso no Havaí, o Kilauea. Ele é um vulcão de intensa atividade!

Figura 11 - Exemplo de lava A'a.
Fonte: Scientiafantastica

- Lavas Pahoehoe (Figura 12) - Do havaiano, que significa "lava em corda", são associadas ao movimento de lavas básicas, com uma superfície macia e cordada, elas avançam como uma série de lóbulos que rompem continuamente a superfície arrefecida.

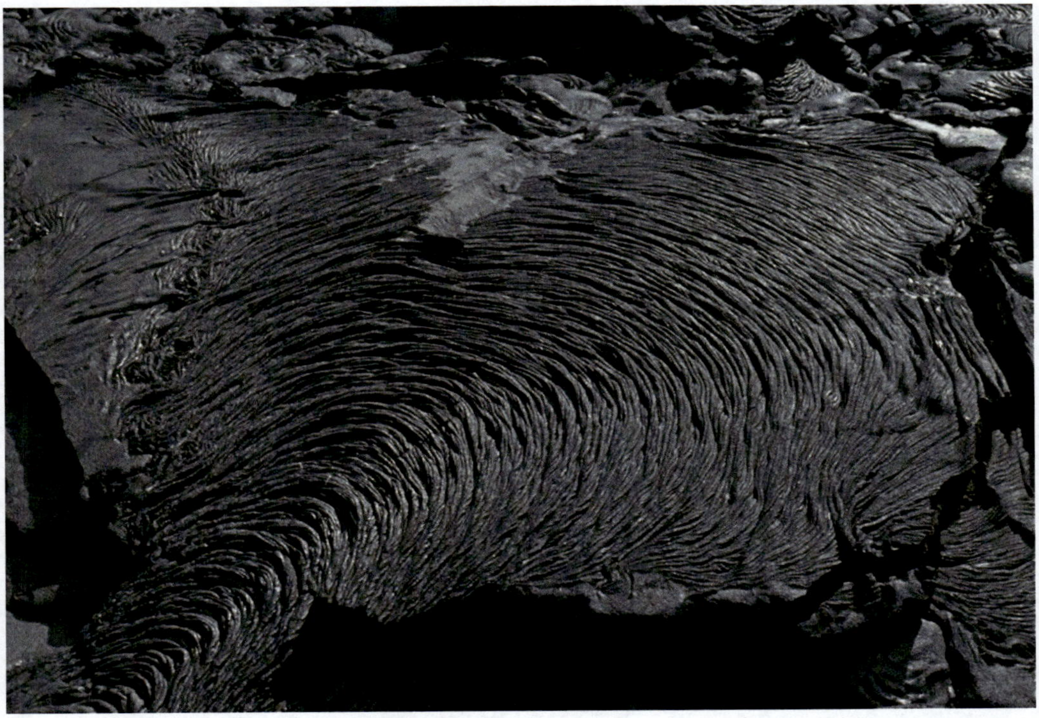

Figura 12 - Exemplo de lava Pahoehoe.
Fonte: Smithsonian Institution - Global Volcanism Program

- Lavas almofadadas ou Pillow lavas (Figura 13) – Do inglês, que significa "almofadas", são derrames subaquáticos onde a lava, após ser extrudida de um conduto ou uma chaminé, é imediatamente resfriada pela água do mar ou de um lago, o que gera uma capa solidificada com um núcleo ainda pastoso. Este efeito faz com que cada estrutura se sobreponha a outra, levando à formação de objetos arredondados próximos entre si. Muitas vezes o peso das almofadas deformam o formato das almofadas abaixo.

Figura 13 - Exemplo de pillow lava.
Fonte: Alex Strekeisen

| Saiba mais! |

Quando um vulcão entra em erupção?

Localidades onde possuem vulcões são extremamente monitoradas pelos órgãos locais, que se comparam à Defesa Civil no Brasil. Os indícios mais comuns de que um vulcão irá entrar em erupção são:

- ✓ Aumento na frequência e intensidade de terremotos.
- ✓ Atividade que inclui fumarolas e gases sendo liberados.
- ✓ Inchaço do solo/superfície.
- ✓ Aumento do fluxo térmico.
- ✓ Mudanças na composição de gases de fumarolas e água local.

Quando os monitores percebem este tipo de comportamento, os alertas são emitidos para os moradores se protegerem ou começarem uma evacuação em massa para lugares mais seguros.

Estilos eruptivos

Existem diversos tipos de vulcanismos espalhados pelo Universo. Em termos simples, a atividade vulcânica se divide principalmente por duas características: a quantidade de SiO_2 (sílica), que define a viscosidade; e a quantidade de gases presentes que define a explosividade. Esses dois fatores juntos, explicam todos os tipos de vulcanismos presentes na Terra.

Durante uma atividade vulcânica, os gases vão sendo rapidamente liberados enquanto a lava ascende pelo conduto vulcânico e, dependendo do teor de SiO_2, a vis-

cosidade pode reter o fluxo gasoso, o que levaria a acúmulos de gases em porções dentro do conduto. Esse acúmulo, com o tempo, leva à geração de uma enorme pressão de gás próximo a superfície dentro da cratera. E assim como uma panela de pressão que não consegue liberar a pressão de gás que nela se acumula, explode. Este processo é denominado de Erupção Vulcânica. Contudo, diferentes magmas possuem diferentes composições químicas e extravasam a diferentes temperaturas. Magmas mais em ricos ferro e magnésio são também mais quentes, chegando a 1.300 °C, como por exemplo os basálticos. Magmas mais ricos em sílica (SiO_2) extravasam a cerca de 700°C e magmas carbonatíticos, que são raros, são os mais frios (cerca de 550°C). Essas características ditam os tipos eruptivos e os principais são: erupções explosivas, efusiva e mista (Figura 14).

Figura 14 - Tipos de erupções. A) efusiva; B) mista; C) explosiva.

Erupções explosivas

As erupções explosivas são as mais faladas e com os relatos mais fantásticos, dado seu grande potencial de destruição e vasto alcance. Como o nome explica, através da alta viscosidade, os gases presentes no magma são detidos pela solidificação da lava e acumulam na base do sistema gerando um efeito de pressão similar a uma panela de pressão, até que a pressão fica insustentável e rompe a rocha levando a "fuga" dos gases de uma vez para a atmosfera. Neste processo, não apenas pedaços mais profundos, quanto pedaços da própria chaminé vulcânica, podem ser lançados no ar por grandes distâncias. Neste caso, diferentes fluxos piroclásticos são frequentes e eventos como lahars podem ocorrer mesmo durante um momento de dormência de um vulcão. Comumente esses vulcões são elevados e não ocupam áreas extensas (exemplo: Santa Helena - Figura 15), pois seus fluxos de lava escoam pouco antes de solidificar e formam estruturas conhecidas como estratovulcão. Esses são caracterizados por serem uma montanha vulcânica formada pela acumulação de lava e cinzas durante as erupções.

Figura 15 - Vulcão Santa Helena, nos EUA, antes e depois de entrar em erupção, em 1980. Fonte: Incrível.club

Erupções efusivas

As erupções efusivas (Figura 16) são as mais famosas. Quando pensamos em vulcões, pensamos logo em lava correndo. Neste tipo de erupção, essa é a imagem. A baixa viscosidade permite a geração de "rios" de lava que cortam a paisagem queimando tudo em seu caminho. Por este motivo, os vulcões formados neste tipo de erupção possuem baixas altitudes, mas grandes extensões laterais, formando ilhas inteiras (ex. ilhas do Havaí). Este tipo de estrutura é chamado de vulcão-escudo. Apresentam pouco ou nenhuma interação explosiva, muitas vezes esta se restringe ao interior da cratera.

VOCÊ SABIA...

sobre a Erupção do Monte Santa Helena?

Os vulcões têm variadas características e também tempo de extravasamento. O Kilauea, um dos vulcões das ilhas havaianas, iniciou sua última erupção há 38 anos! Contudo, ele é considerado ativo desde 1983. Em maio de 1980 o Monte Santa Helena, localizado no estado de Washington (EUA), deu indícios de uma atividade vulcânica dois dias antes de uma erupção catastrófica que vitimou pessoas e causou impactos na fauna e flora locais. Após a erupção, um deslizamento de toda a porção norte do edifício vulcânico levou à destruição de grande parte da região. No fim, a energia térmica produzida foi equivalente a 24 megatons, quase 1600 bombas atômicas como a que atingiu as cidades japonesas de Hiroshima e Nagasaki, sendo considerada uma das maiores erupções vulcânicas dos tempos atuais.

Figura 16 - Exemplo de um vulcão com sua erupção efusiva na Islândia.
Fonte: Painel Global

As erupções denominadas mistas constituem de um complexo entre os dois extremos tendo explosões, mas não tão intensas, o que gera cone de escórias, por exemplo, mas também erupções efusivas o que leva a formação de lavas A'a e as vezes pahoehoe.

Além dos tipos de erupção citados acima, existem outros que não podem deixar de serem citados, são eles:

Havaiano → É uma erupção tipo efusiva, sem descarga de gases, com magma basáltico rico em Fe e Mg e de baixa viscosidade. Assim chamadas por serem características das ilhas do Havaí, ocorrendo por fissuras ou falhas, como também na chaminé central. A lava pode correr pela encosta ou ser ejetada da chaminé principal, o que pode levar ao acúmulo de lava em crateras, chamadas de lagos de lava ou alimentar rios de lava que escorrem pela encosta.

Estromboliano → É uma erupção considerada mista, contendo pequenos fragmentos de rocha quente (piroclastos) e lavas efusivas. Estes fragmentos são acumulados próximos a chaminé vulcânica durantes as pequenas explosões causadas pelo acúmulo de gases em bolsões. O acúmulo leva a formação de uma estrutura conhecida como cone de cinza, sendo este o produto mais fino da atividade vulcânica. Este tipo de vulcanismo possui este nome em homenagem à ilha de Stromboli, na Sicília.

Vulcaniano → Esta erupção é considerada mista, mas possui características mais explosivas. Descrita através da erupção do vulcão na ilha de Vulcano, no Mar Tirreno, é descrita como sendo "disparos de canhão". Aqui uma espessa nuvem sai explosivamente da cratera a uma elevada altitude, com enormes fragmentos de rocha quente sendo ejetadas da chaminé vulcânica. Comumente, elas se iniciam como erupções, seguido do surgimento da chaminé vulcânica, acompanhado de uma grande explosão que a desobstrui e levanta uma nuvem de gases e poeira.

Peleana → É uma erupção considerada explosiva e caracterizada no vulcão Mayon nas Filipinas, em 1968, quando uma grande quantidade de explosões de fragmentos de rocha quente, vapores e material piroclástico são ejetados com força, a partir da cratera central. Estes materiais ao caírem formam avalanches que podem se deslocar a até 160 km/h com material tóxico e muito quente. Há a presença de estrutura de cone de tefras (cinzas vulcânicas), formando um vulcão mais elevado.

Pliniano → Um vulcanismo explosivo, este estilo eruptivo foi descrito por Plínio, o Jovem em 79 d.C. durante a erupção do Monte Vesúvio, que matou não apenas seu tio Plínio, o Velho como também soterrou as cidades de Pompeia e Herculano embaixo de camadas de cinzas vulcânicas. Nesta erupção, diversos fragmentos são lançados no ar, lava e gases saem de fissuras do chão de forma viscosa e uma coluna de fumaça e gás, que pode ir a quilômetros de altura, com o epicentro na caldeira principal. Aqui estes associados rápidos fluxos piroclásticos descendentes, quando a nuvem de material piroclástico esfria e cai. Durante o início da erupção estas são acompanhadas de grandes ruídos, como o produzido pelo Krakatoa, considerado até hoje, o som mais alto já captado pela Humanidade.

Fissural → É uma erupção que tem caraterística seu aspecto plano, sem o típico cone vulcânico. A lava é extravasada e flui através de fissuras que se sobrepõem a lavas e erupções passadas.

VOCÊ SABIA...

sobre a Velocidade dos fluxos de lava e piroclásticos?

Por conta da viscosidade, as lavas (Figura 17 A) de uma erupção vulcânica podem se mover a uma velocidade que varia de 1 quilômetro por dia a 10 quilômetros por hora, segundo o Serviço Nacional de Geologia e Mineração do Chile. Já os fluxos piroclásticos (Figura 17 B) podem fluir com velocidades de mais de 500 km/h, arrastando qualquer coisa que esteja pelo caminho.

Figura 17 - resultado da paisagem com a passagem dos fluxos de lava e piroclásticos. A) O avanço da lava do vulcão Kilauea destruiu parte da infraestrutura do Havaí e provocou a evacuação de milhares de residentes; B) Paisagem de uma localidade na Guatemala após um intenso fluxo piroclástico onde gerou dezenas de vítimas.
Fontes: Terra/ El País

DISTRIBUIÇÃO DOS VULCÕES NA TERRA

Os vulcões são gerados em locais que tenham anomalias de calor, normalmente associadas aos limites de placas tectônicas. Contudo, os vulcões podem também aparecer em regiões de intraplaca, denominados hot spots (Figura 18). É estimado que cerca de 10.000 vulcões entraram em atividade nos últimos 2 milhões de anos. Atualmente cerca de 500 podem ser considerados ativos, dos quais 20 deles são muito ativos.

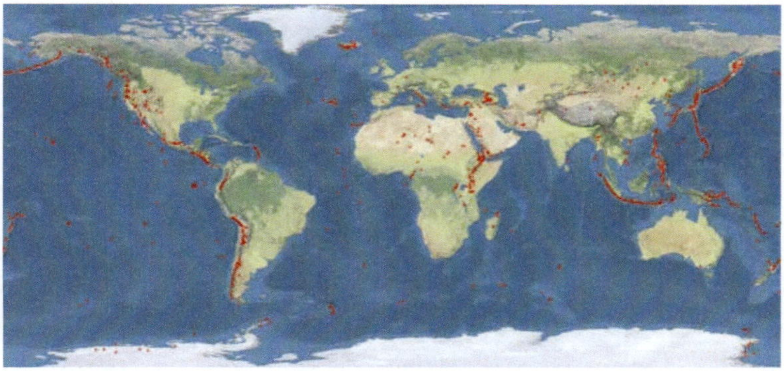

Figura 18 - Imagem ilustrando a disposição dos vulcões na Terra. Cada ponto vermelho representa um vulcão ativo. Eles se encontram nos limites das placas tectônicas e no continente, região que os geólogos chamam de intraplaca.
Fonte: Brasil Escola

ILHAS VULCÂNICAS

As ilhas vulcânicas causam tanto fascínio quanto os vulcões terrestres. Como nos terrestres, os vulcões oceânicos são formados pelo extravasamento do magma em forma de lava formando os cones, porém, como estão circundados de água marinha se formam as ilhas/arquipélagos. Tal atividade acontece devido a atividade das placas tectônicas ou pontos quentes (hot spot).

As ilhas vulcânicas mais conhecidas são:

- Japão (Figura 19): um arquipélago onde as principais ilhas são as Kyushu, Honshu (onde fica Tóquio e a sede do memorial da bomba atômica de Hiroshima) e Hokkaido. Tais ilhas são conectadas pelos famosos trem-bala japoneses. O Japão é um grande exemplo de ilhas vulcânicas formadas pela convergência de três placas tectônicas, são elas Eurasiana, Filipinas e do Pacífico.

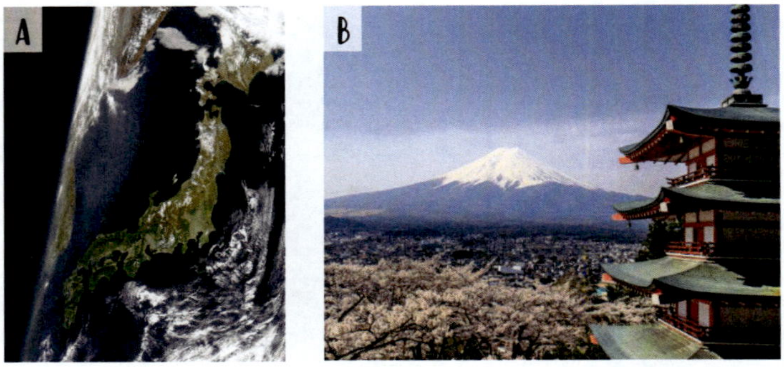

Figura 19 - Arquipélago do Japão. A) Foto de satélite do arquipélago; B) Paisagem com o Monte Fuji ao fundo, que é a mais alta montanha da ilha de Honshu e de todo o arquipélago japonês., além de ser um vulcão ativo, porém de baixo risco de erupção.
Fonte: Wikipedia

- Havaí (Figura 20): um estado pertencente aos Estados Unidos da América e é um arquipélago conhecido pelas suas paisagens exuberantes e praias de areias douradas, verdes e vermelha! Sua principal ilha é Oahu que possui a maior cidade e capital do Havaí, Honolulu. O Havaí é formado por um ponto quente estacionado abaixo da placa tectônica do Pacífico. Um detalhe interessante é que conforme a placa se movimenta sobre o ponto quente, as ilhas são formadas. Por este caso, as ilhas possuem idades decrescente.

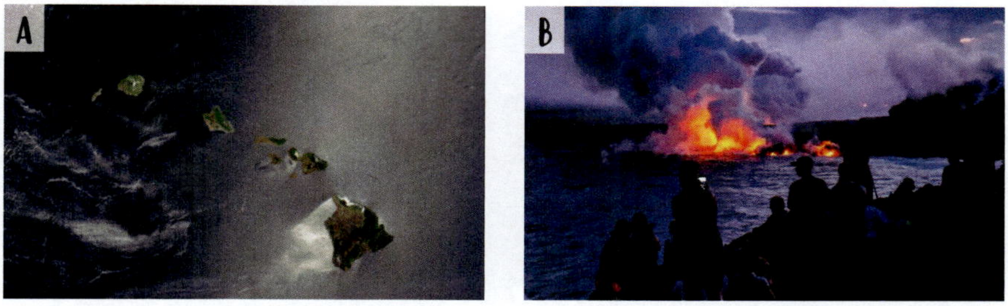

Figura 20 - Arquipélago do Havaí. A) Foto de satélite do arquipélago; B) Turistas observando um vulcão havaiano em erupção.
Fontes: Wikipedia/ Segue Viagem

- Ilhas Canárias (Figura 21): um arquipélago pertencente à Espanha, mas se localiza a noroeste da costa do continente africano. Tenerife, a maior ilha, é dominada pelo vulcão ativo Mt. Teide, às vezes coberto de neve. A origem do arquipélago ainda é debatida pelos geólogos, mas a principal hipótese é a de um ponto quente sob a Placas Africana que se desloca no sentido oeste - leste e, assim, formando as ilhas, assim como no exemplo do Havaí.

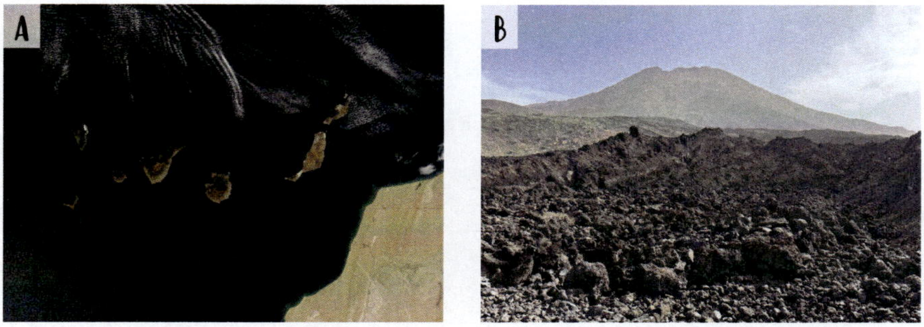

Figura 21: Arquipélago das Ilhas Canárias. A) Foto de satélite do arquipélago; B) Visada de um vulcão em uma das ilhas.
Fonte: Wikipedia/ Arquivo pessoal do professor Dr. Anderson Costa

Vulcões Brasileiros

Figura 22 - Localização dos principais vulcões brasileiros.
Fonte: modificado de Facebook da Sociedade Brasileira de Geologia

No Brasil também temos vulcões espalhados pelo país (Figura 22), porém fiquem tranquilos, todos os vulcões brasileiros estão extintos ou apenas deixaram o registro de sua atividade! Entre eles temos na região Norte, de idade Paleoproterozoica (1,89 bilhões de anos), o vulcão mais antigo do mundo em Uatumã no Estado do Pará. Nas regiões S e SE podemos encontrar atividade vulcânica mais recente de idade Mesozoica, os seus grandes exemplos na verdade são câmaras magmáticas preservadas de antigos vulcões, são eles, Poços de Caldas e Nova Iguaçu com idade entre 80 e 60 milhões de anos, respectivamente.

Existe ainda um importante derrame de lava estudado pelos geólogos, que se localiza entre as regiões centro-oeste, sudeste e sul, conhecido como Formação Serra Geral (Vide Figura 19). Este derrame tem sua continuidade no continente africano (Etendeka) pois o mesmo começou sua atividade vulcânica quando os continentes ainda eram um só, cerca de 138 a 128 milhões de anos.

Por fim, grandes registros de atividade vulcânica também se deram durante o Cenozóico, principalmente no NE com os vulcões de Cabugi no Estado do Rio Grande do Norte com cerca de 19 milhões de anos e o Arquipélago Fernando de Noronha com idades variando de 12 milhões de anos até 1,5 milhões de anos. Já no Leste do país, temos a partir do Arquipélago de Abrolhos com idade próxima de 60 milhões de anos até o Arquipélago de Trindade e Martin Vaz, de idade variada entre 4,0 milhões e 170.000 mil anos atrás. Na Ilha da Trindade, temos o último cone vulcânico ainda preservado do Brasil.

Figura 23 - Terra roxa, típica da região centro-oeste e sul brasileiros.
Fonte: Canal Agro Estadão

VOCÊ SABIA...

sobre a Velocidade dos fluxos de lava e piroclásticos?

O latossolo roxo, também conhecido por terra roxa (Figura 23), é um tipo de solo avermelhado muito fértil, caracterizado por ser o resultado de milhões de anos de decomposição de rochas basálticas (rochas ricas em Fe e Mg). Essas rochas, associadas à Formação Serra Geral, se originaram do maior derrame vulcânico que o planeta já presenciou conhecido como LIP do Paraná-Etendeka, causado pela separação do antigo supercontinente Gondwana nos atuais continentes da América do Sul, África Antártida e a Índia, na Era Mesozóica. É caracterizado pela sua cor avermelhada inconfundível, devido à presença da mineral magnetita, um óxido de ferro. O nome "terra roxa" é um equivocado. Os imigrantes italianos que trabalhavam nas fazendas de café referiam-se ao solo pelo nome terra rossa, já que rosso em italiano significa "vermelho". Os brasileiros, então, chamaram de "terra roxa".

Historicamente falando, esse solo teve muita importância, já que, no Brasil, durante o fim do século XIX e o início do século XX, foram plantadas nestes domínios grandes lavouras de café, fazendo com que surgissem várias ferrovias e propiciando o crescimento de cidades no Paraná, São Paulo e Mato Grosso do Sul. Atualmente, além do café, são plantadas outras culturas, como algodão, cana-de-açúcar e laranja.

VULCÕES E EXTINÇÕES EM MASSA E CATÁSTROFES

Cientistas afirmam que erupções vulcânicas ao longo na história contribuíram para ao menos 4 extinções em massa! Além de dados geológicos, como o estudo das rochas e materiais vulcânicos, os mesmos utilizaram de paleobiologia para chegarem a essa conclusão. A paleobiologia é o estudo da paleontologia que estuda todos os aspectos da biologia dos organismos do passado geológico com base na informação contida nos fósseis.

Não só os asteroides e cometas que caíram na Terra foram responsáveis pelas extinções como dos dinossauros há cerca de 60 milhões de anos atrás. Um estudo publicado na revista Proceedings of the National Academy of Sciences (PNAS) revelam que os vulcões também foram responsáveis por esses eventos históricos.

Os pesquisadores perceberam que grandes eventos de erupções vulcânicas estão diretamente ligados a eventos climáticos e ambientais significativos. Uma única erupção vulcânica pode expelir uma quantidade de dióxido de carbono (CO_2) capaz de causar tais mudanças. O efeito estufa é um exemplo.

Os autores desse estudo ainda afirmam que embora seja difícil determinar qual evento eruptivo específico causou uma extinção em massa específica, os resultados dos estudos tornam difícil ignorar o papel do vulcanismo na extinção.

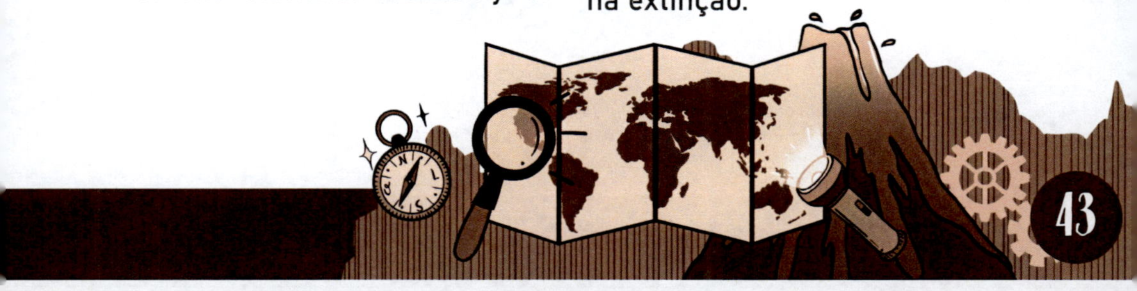

Vulcões no Sistema Solar

Ainda que a Terra possua diversos vulcões em sua superfície, alterando e moldando-a, o Sistema Solar possui grandes registros de atividades vulcânicas presentes e do passado que evidenciam que este tipo de evento geológico não está restrito à Terra. Vamos passar agora por diferentes localidades do nosso Sistema Solar que possuem vulcões notórios.

- *Vênus (Figura 24)* → É o segundo planeta do Sistema Solar, a partir do Sol, sendo quase integralmente composto por derrames vulcânicos gerando suaves planícies, este planeta possui um incrível número de 167 enormes vulcões, com mais de 100 km de diâmetro. Na Terra, apenas a Grande Ilha do Havaí teria esta dimensão. Além disto, sua atmosfera é predominantemente composta de dióxido de carbono (CO_2), com traços de nitrogênio (N) e o dióxido de enxofre (SO_2), produtos das intensas atividades vulcânicas, o que gerou um forte efeito estufa com temperaturas de até 460°C em sua superfície.

Figura 24 - Foto aeroespacial do planeta Vênus.
Fonte: modificado de Programa de mentoria - RedeComCiencia

- *Lua (Figura 25)* → Nosso satélite particular, não há registro de atividade vulcânica na superfície da Lua atualmente, contudo a Lua é composta de derrames vulcânicos de diferentes composições de uma época há muito esquecida. Isto é notório pela presença de crateras em toda a superfície lunar, demonstrando a ausência de atividades internas, que reciclaram estas feições.

Figura 25 - Foto aeroespacial da Lua
Fonte: modificado de InfoEscola

- *Marte (Figura 26)* → Casa do maior vulcão conhecido do Sistema Solar, o Vulcão Monte Olimpo com altura estimada entre 21 e 27 km de altitude, três vezes maior que o Monte Everest. Possui também outros grandes vulcões, todos em formato escudo, evidenciando o caráter basáltico dos derrames. Embora não haja mais atividades evidentes, dado a presença constante de crateras em sua superfície, estudos recentes propõem a existência de pelo menos duas placas tectônicas neste planeta, que explicaria algumas movimentações laterais observadas na região do Valle Marinnis, o que no futuro, poderia trazer novas atividades vulcânicas.

Figura 26 - Foto aeroespacial do planeta Marte.
Fonte: modificado de CNN Brasil

- *Júpiter* → Maior planeta do Sistema Solar, conhecido por ter quase sido uma estrela marrom, isto é, uma estrela que não conseguiu se "acender". Este planeta gigante é gasoso, sendo composto predominantemente de Hidrogênio, não há vulcões (até então), uma vez que o planeta não teria uma superfície. Entretanto suas 79 luas fomentam nossa sede por conhecimento vulcânico. Entre os mais conhecidos estão os galileanos: Io, Europa, Ganimedes e Calisto. Io é um satélite natural de Júpiter, com a superfície de cor amarela, o que induz a alta presença de enxofre em sua superfície, suas temperaturas estimadas chegam a 1700°C, mais quente do que imaginamos que a Terra era nos seus primórdios. Embora esta lua não tenha força suficiente para promover uma atividade geológica, os movimentos de maré eu Júpiter provoca, empurrando e puxando o planeta com sua gravidade, expande o seu interior levando ao aquecimento sempre vivo do núcleo do satélite. Estima-se a presença de mais de 100 vulcões pela missão Galileo que estudo estas luas, entre eles de destacam, o maior complexo vulcânico da Lua, Ra Patera com uma caldeira de 50 km de diâmetro e o vulcão Pele, com atividades vulcânicas registradas pelas Voyagers 1 e 2.

Figura 27 - Foto aeroespacial da lua Io. Uma das grandes luas galileianas de Júpiter, junto com Europa, Ganimedes e Calisto.
Fonte: modificado de Nasa

- *Saturno* → Assim como Júpiter, é composto predominantemente de gases, embora tenha um tamanho menor e sua maior característica seja seus anéis de gelo no equador. Com 59 satélites confirmados, os dois mais notáveis são Titã e Enceladus. O primeiro, pelo seu tamanho e composição exótica, possuindo oceanos lagos compostos de metano (CH_4), que na Terra existem apenas na forma de gases, esta lua é a candidata mais provável do Sistema Solar a abrigar vida; e o segundo ficou famoso após a passagem da Sonda Cassini, que foi estudar Saturno seus anéis e luas, quando durante umas das observações, este satélite lançou no espaço gêiseres de gelo contendo sais e moléculas orgânicas a altitudes consideráveis, demonstrando que Encélado está geologicamente ativo, ainda hoje. Provavelmente, estes efeitos nas duas luas se devem às forças de maré promovidas por Saturno.

Figura 28 - Fotos aeroespaciais das luas Enceladus (esquerda) e Titan (direita). Enceladus é umas das luas de Saturno com intensa atividade interna devido as forças de maré. Titan é uma das maiores luas do Sistema Solar, sendo um dos candidatos mais prováveis de achar vida, dado a presença oceanos, lagos e rios de metano (CH_4).
Fonte: modificado de Nasa

- *Netuno* → Outro gigante gasoso do Sistema Solar, este possui diversas características peculiares, mas uma de quatorze luas, Tritão, chama especial atenção. Juntamente com lo e Encélado, este satélite natural consiste numa tríade de luas únicas no Sistema Solar exterior, por conter vulcões de enxofre e gêiseres de nitrogênio. Acredita-se que este corpo fora capturado por Netuno nos primórdios da formação do Sistema Solar, teria sido um planeta anão como Plutão no Cinturão de Kuiper, devido à baixa quantidade de satélites naturais em Netuno e por Tritão formar mais de 99,5% da massa total dos satélites presentes no gigante gasoso.

Figura 29 - Foto aeroespacial da lua Tritão. A maior e mais estimada das luas de Netuno.
Fonte: modificado de Nasa

Atividade 1

CAÇA-PALAVRAS

Ache as palavras desse caça-palavras que estão escondidas na horizontal, vertical e diagonal, sem palavras ao contrário!

P	R	D	N	L	W	R	I	E	R	A	T	T	C	N	L	T	O	E	K	M	S
S	A	P	I	C	R	I	T	I	C	A	E	G	R	I	O	U	I	O	B	I	E
V	U	N	N	H	I	O	W	E	N	F	H	T	C	E	F	U	M	R	G	L	R
N	E	H	A	O	S	L	Z	I	R	N	N	D	A	E	L	A	E	O	E	E	H
N	F	O	N	O	L	I	T	I	C	A	E	N	R	E	T	A	W	I	A	U	E
I	H	R	A	H	D	T	T	O	A	A	F	J	I	I	I	D	S	W	E	A	B
H	A	T	N	N	S	I	H	O	I	J	E	L	I	B	Y	O	A	O	N	E	A
A	M	E	F	A	C	C	C	E	O	I	L	T	M	S	H	T	O	D	O	A	S
Y	U	U	H	A	B	A	S	A	L	T	I	C	A	H	N	H	E	W	R	S	A
I	A	A	E	H	H	A	C	Y	W	C	N	N	E	S	H	S	E	R	O	H	N
T	W	Y	V	R	A	T	E	T	A	O	I	E	F	T	I	A	H	U	A	D	I
H	M	N	E	P	I	S	I	A	T	I	T	U	T	T	L	E	D	M	T	L	T
I	A	E	U	I	L	O	I	C	H	E	I	N	I	R	H	C	E	E	O	U	I
B	E	O	T	T	H	E	O	B	W	W	C	C	C	H	W	U	S	T	I	T	C
A	I	E	H	E	O	C	O	E	N	C	A	E	S	L	A	I	E	I	B	E	A
E	L	B	V	E	N	R	B	L	R	P	N	M	T	T	S	I	B	T	T	D	L

- andesitica
- basaltica
- basanitica
- fonolitica
- komatiitica
- nefelinitica
- picritica
- riolitica
- tefritica

ATIVIDADE 2

PALAVRAS CRUZADAS

Vamos relembrar alguns nomes importantes do tema da nossa cartilha? Complete as palavras cruzadas!

Verticais

1. Lava em corda
3. Planeta do Sistema Solar com a maior quantidade de vulcões ativos
5. Material pastoso composto de material em estado sólido, líquido e gasoso
6. Estilo de vulcanismo mais explosivo e destrutivo conhecido. Foi registrado por Plínio, o jovem e o velho em 79 d.C. durante a erupção do Monte Vesúvio
7. Tipo de vulcão mais famoso em forma de cone, chegando a altas altitudes
10. Duto ou canal por onde material vulcânico extravaza em direção a superfície
11. Fluxo de massa com a água quente que gera uma corrente muito rápida de destruição, chegando a 100km/h

Horizontais

2. Fluxo de material pastoso ejetado por um vulcão
4. Maior vulcão do Sistema Solar
7. Material sólido ejetado pelo vulcão durante sua erupção, podendo ter diferentes tamanhos
9. Ciência que estuda os vulcões
12. Planeta do Sistema Solar com vulcões ativos
13. Tipo de vulcão maior em área e menor em altitude
14. Lua de Júpiter com mais vulcões que a Terra

ATIVIDADE 3

JOGO DOS 7 ERROS

Nos ajude a descobrir quais são os 7 erros!

Gabarito

A SEGUIR VEM O NOSSO GABARITO!

ENTÃO NÃO ESPIE SE NÃO TIVER TERMINADO AS ATIVIDADES.

GABARITO

Agora vamos ver os gabaritos das atividades anteriores.

ATIVIDADE 1

P	R	D	N	L	W	R	I	E	R	A	T	T	C	N	L	T	O	E	K	M	S
S	A	P	I	C	R	I	T	I	C	A	E	G	R	I	O	U	I	O	B	I	E
V	U	N	N	H	I	O	W	E	N	F	H	T	C	E	F	U	M	R	G	L	R
N	E	H	A	O	S	L	Z	I	R	N	N	D	A	E	L	A	E	O	E	E	H
N	F	O	N	O	L	I	T	I	C	A	E	N	R	E	T	A	W	I	A	U	E
I	H	R	A	H	D	T	T	O	A	A	F	J	I	I	I	D	S	W	E	A	B
H	A	T	N	N	S	I	H	O	I	J	E	L	I	B	Y	O	A	O	N	E	A
A	M	E	F	A	C	C	C	E	O	I	L	T	M	S	H	T	O	D	O	A	S
Y	U	U	H	A	B	A	S	A	L	T	I	C	A	H	N	H	E	W	R	S	A
I	A	A	E	H	H	A	C	Y	W	C	N	N	E	S	H	S	E	R	O	H	N
T	W	Y	V	R	A	T	E	T	A	O	I	E	F	T	I	A	H	U	A	D	I
H	M	N	E	P	I	S	I	A	T	I	T	U	T	T	L	E	D	M	T	L	T
I	A	E	U	I	L	O	I	C	H	E	I	N	I	R	H	C	E	E	O	U	I
B	E	O	T	T	H	E	O	B	W	W	C	C	C	H	W	U	S	T	I	T	C
A	I	E	H	E	O	C	O	E	N	C	A	E	S	L	A	I	E	I	B	E	A
E	L	B	V	E	N	R	B	L	R	P	N	M	T	T	S	I	B	T	T	D	L

- andesitica
- basaltica
- basanitica
- fonolitica
- komatiitica
- nefelinitica
- picritica
- riolitica
- tefritica

ATIVIDADE 2

ATIVIDADE 3

Referências

http://vulcanoticias.com.br/wp/gases-vulcanicos/. Acessado em Abril de 2023

https://acrediteounao.com/5-fatos-sobre-vulcoes/paricutin-vulcao/. Acessado em Maio de 2023

https://brasil.elpais.com/brasil/2018/06/04/album/1528092244_418239.html. Acessado em Abril de 2023

https://brasilescola.uol.com.br/geografia/vulcoes.htm. Acessado em Abril de 2023

https://incrivel.club/admiracion-curiosidades/20-fotos-que-prueban-que-todo-es-relativo-818210/. Acessado em Abril de 2023

https://noticias.uol.com.br/ultimas-noticias/afp/2020/06/09/atividades-suspensas-no-equador-por-queda-de-cinzas-vulcanicas.htm. Acessado em Maio de 2023

https://pt.wikipedia.org/wiki/Bomba_vulc%C3%A2nica. Acessado em Maio de 2023

https://pt.wikipedia.org/wiki/Lahar. Acessado em Maio de 2023 https://redecomciencia.shorthandstories.com/venus-terra/index.html. Acessado em Abril de 2023

https://scientiafantastica.wixsite.com/scientiafantastica/single--post/2017/12/02/aa-lava. Acessado em Maio de 2023

https://summitagro.estadao.com.br/noticias-do-campo/terra--roxa-origens-e-como-cuidar-do-solo-vermelho/. Acessado em Maio de 2023

https://volcano.si.edu/gallery/ShowImage.cfm?photo=GVP-04746. Acessado em Maio de 2023

https://www.alexstrekeisen.it/english/vulc/pillow.php. Acessado em Abril de 2023

https://www.baamboozle.com/game/881031. Acessado em Maio de 2023

https://www.cnnbrasil.com.br/internacional/telescopio-hubble-captura-raios-misteriosos-deslizando-pelos-aneis-de--saturno/. Acessado em Abril de 2023

https://www.cnnbrasil.com.br/tecnologia/missao-da-nasa-detecta-primeiras-ondas-sismicas-viajando-no-nucleo-de-marte/. Acessado em Abril de 2023

https://www.cnnbrasil.com.br/tecnologia/missao-juice-e-lancada-para-explorar-jupiter-e-suas-luas/. Acessado em Abril de 2023

https://www.explore-the-big-island.com/mauna-kea-volcano.

html. Acessado em Abril de 2023

https://www.facebook.com/sbgeologia/photos/a.1280377578755031/2139624462830334/?type=1&theater. Acessado em Maio de 2023

https://www.gazetadopovo.com.br/viver-bem/turismo/apesar--de-destrutivos-estes-10-vulcoes-ativos-podem-ser-visitados-pelos-turistas/. Acessado em Abril de 2023

https://www.infoescola.com/lua/. Acessado em Abril de 2023

https://www.infoescola.com/sistema-solar/netuno/. Acessado em Abril de 2023

https://www.painelglobal.com.br/noticias.php?t=Imagens_impressionantes_da_erupcao_do_vulcao_adormecido_ha_seculos_na_Islandia&id=20210322-111321. Acessado em Maio de 2023

https://www.terra.com.br/noticias/mundo/estados-unidos/por-que-e-tao-complicado-conter-a-lava-de-um-vulcao-como-o-kilauea-no-havai,fd85c20cde60786b48aa577c3e49b185m85e9jnv.html. Acessado em Maio de 2023

https://pt.wikipedia.org/wiki/Jap%C3%A3o#/media/Ficheiro:Satellite_View_of_Japan_1999.jpg. Acessado em Maio de 2023

https://pt.wikipedia.org/wiki/Jap%C3%A3o#/media/Ficheiro:-Chuurei-tou_Fujiyoshida_17025277650_c59733d6ba_o.jpg. Acessado em Maio de 2023

https://pt.wikipedia.org/wiki/Can%C3%A1rias#/media/Ficheiro:-Canary_Islands_(6630087415).jpg. Acessado em Maio de 2023

https://pt.wikipedia.org/wiki/Hava%C3%AD#/media/Ficheiro:Hawaje-NoRedLine.jpg. Acessado em Maio de 2023

https://www.segueviagem.com.br/geral/havai-nao-deixe-de--conhecer-os-vulcoes-do-destino/. Acessado em Maio de 2023

https://www.pnas.org/doi/abs/10.1073/pnas.2120441119. Acessado em Maio de 2023